DVP Projektmanagement

DVP Berlin
Berlin, Deutschland

Publikationen zum Projektmanagement, Immobilien- und Infrastrukturmanagement, Ergebnisberichte aus den DVP-Arbeitskreisen sowie Tagungsdokumentationen, wissenschaftliche Dokumentationen und Dissertationen, die im fachlichen Bezug zum Projektmanagement stehen.

Der Deutsche Verband der Projektmanager in der Bau- und Immobilienwirtschaft e.V. (DVP) wurde 1984 mit der Zielsetzung gegründet, das Fachwissen auf diesem Gebiet zu erweitern und qualitativ zu verbessern, die Ergebnisse der interessierten Fachwelt zugänglich zu machen und durch die Mitglieder das Zusammenwirken der Projektbeteiligten am Bau positiv zu fördern. Der DVP repräsentiert heute als bekannter und anerkannter Berufsverband mit unveränderter Zielsetzung und zahlreichen Aktivitäten die im Projektmanagement für die Bau- und Immobilienwirtschaft tätigen Unternehmen.

Weitere Bände in dieser Reihe:
http://www.springer.com/series/15455

Hans-Peter Achatzi · Werner Schneider ·
Walter Volkmann

Bedarfsplanung in der Projektentwicklung

Kurzanleitung Heft 6

Herausgegeben von Walter Volkmann

Hans-Peter Achatzi
Berlin, Deutschland

Werner Schneider
DU Diederichs
Projektmanagement AG & Co. KG,
Wuppertal, Deutschland

Walter Volkmann
Duisburg, Deutschland

ISBN 978-3-662-55625-2   ISBN 978-3-662-55626-9 (eBook)
https://doi.org/10.1007/978-3-662-55626-9

Die Deutsche Nationalbibliothek verzeichnet diese Publikation in der Deutschen Nationalbibliographie; detaillierte bibliographische Daten sind im Internet über http://dnb.d-nb.de abrufbar.

Springer Vieweg
© Springer-Verlag GmbH Deutschland 2017

Springer Vieweg ist Teil von Springer Nature
Die eingetragene Gesellschaft ist Springer-Verlag GmbH Deutschland
Die Anschrift der Gesellschaft ist: Heidelberger Platz 3, 14197 Berlin, Germany

Vorwort des DVP

Der Deutsche Verband der Projektmanager in der Bau- und Immobilienwirtschaft e.V. (DVP) verfolgt seit über 30 Jahren die Zielsetzung, das Fachwissen auf diesem Gebiet zu erweitern und qualitativ zu verbessern, die Ergebnisse der interessierten Fachwelt zugänglich zu machen und über die Mitglieder das Zusammenwirken der Projektbeteiligten positiv zu fördern.

Ein wesentlicher Baustein darin ist die seit 1996 erstmalig erschienene und zuletzt 2014 in 4. Auflage vom AHO (Ausschuss der Verbände und Kammern der Ingenieure und Architekten für die Honorarordnung e. V.) herausgegebene Schrift „Projektmanagementleistungen in der Bau- und Immobilienwirtschaft". Auf Basis dieser Leistungsbildstruktur werden die meisten Projektmanagementaufträge in Deutschland vergeben und abgewickelt.

Des Weiteren basiert das DVP-ZERT Weiterbildungsprogramm auf dieser Grundlage.

Eine ganze Reihe an Arbeitskreisen im DVP haben zum Ziel, besondere Leistungsschwerpunkte, neue Anforderungen im Projektmanagement und spezielle Ausprägungen des Leistungsbildes auf bestimmte Projekttypologien auszuprägen, um die Aufgabenstrukturen und Schnittstellen zwischen den Projektbeteiligten und Auftraggebern möglichst bedarfsnah und effizient im Hinblick auf das gegebene Projektziel anzupassen. Dies betrifft auch vom DVP geförderte Masterarbeiten und Dissertationen, die einzelne Leistungsmodule des Projektmanagements vertiefen.

Die Ausarbeitung dieser komplexen Themenstellungen erfordern Sachverstand, Kompetenz und vor allen Dingen ehrenamtliches Engagement.

Dafür bedanken wir uns bei den Autoren und wünschen, dass durch diese Veröffentlichung wertvolle Impulse in der Weiterentwicklung des Projektmanagements in Deutschland ausgelöst werden.

Der DVP-Vorstand

Vorwort

Großprojekte stehen durch Budget- und Terminüberschreitungen zu Recht in der Kritik der Öffentlichkeit. Doch sie sind nur die Spitze des Eisbergs. Auch bei weniger spektakulären Projekten werden Ziele immer wieder verfehlt. Oft werden sie teurer, später fertig und erreichen nicht die erwartete Qualität. Nur registriert die Öffentlichkeit dies seltener.

Die Fachwelt ist sich einig, dass die entscheidenden Fehler in der ersten Phase eines Projekts gemacht werden, und zwar in der Erarbeitung und Abstimmung der qualitativen und quantitativen Anforderungen. Zitat Albert Speer:

> „Ein guter Planer weiß, die schlimmsten Fehler werden bei einem Großprojekt, wie z. B. dem Berliner Flughafen, am Anfang gemacht. Das eigentliche Übel liegt darin, dass diese Aufgabenstellungen in ihren Anfangsphasen nicht gründlich genug untersucht, und dass zu wenig Zeit und Geld in die Vorbereitungen investiert werden."[1]

Darüber hinaus betonte die vom Bundesministerium für Verkehr und digitale Infrastruktur einberufene „Reformkommission Bau von Großprojekten" die Bedeutung der ersten Schritte in einem Bauprojekt. So lautet eine der Handlungsempfehlungen aus dem vorgelegten Zehn-Punkte-Aktionsplan: „Erst planen, dann bauen: Der Bauherr sollte mit dem Bau erst nach Erstellung eines zusammenfassenden Dokuments beginnen, das die lückenlose Ausführungsplanung für das gesamte Projekt sowie detaillierte Angaben zu Kosten, Risiken und zum Zeitplan enthält."[2]

Die 1996 eingeführte einschlägige Norm DIN 18205 „Bedarfsplanung im Bauwesen" benannte im Vorwort mit ungewohnt kritischer Haltung das Problem:

---

[1] Albert Speer, Interview in der Frankfurter Allgemeinen Zeitung vom 25.01.2013.

[2] Bundesministerium für Verkehr und digitale Infrastruktur (Hrsg.), Reformkommission Bau von Großprojekten. Komplexität beherrschen – kostengerecht, termintreu und effizient. Endbericht, 2015, S. 8.

> „In Deutschland ist bisher die Aufmerksamkeit für diese Frühphase von Bauplanungsprozessen gering. Da aber jedes Bauprojekt diese Phase – wenn auch noch so unzureichend gehandhabt – durchläuft, und da in dieser Phase die Weichen für alle späteren Ereignisse jeder Bauplanung gestellt werden, liegt eine Qualitätsverbesserung im Interesse aller Beteiligten. Sie hat sowohl für das Einzelprojekt als auch für das Bauwesen insgesamt und seine volkswirtschaftlichen Konsequenzen erhebliche Bedeutung."[3]

Die im November 2016 neu erschienene Fassung der DIN 18205 konstatiert eine gewachsene Erkenntnis,

> „dass die Bedarfsplanung ein unverzichtbarer Bestandteil der Planung und Realisierung von Projekten im Bauwesen jeder Art ist."[4]

Dieser Leitfaden möchte zum weiteren Erkenntnisgewinn beitragen und eine praxiserprobte Anleitung für Bauherren, Planer, Projektmanager, Nutzer, Betreiber und Berater zur Durchführung von Bedarfsplanungen im Sinne der neuen DIN 18205 geben.

Kommentare und kritische Anmerkungen zur Verbesserung dieser Kurzanleitung sind ausdrücklich willkommen und werden künftig mit Aufgeschlossenheit Berücksichtigung finden.

Berlin, im Juni 2017

Hans-Peter Achatzi
Werner Schneider
Walter Volkmann

---

[3] DIN 18205, Beuth-Verlag Berlin GmbH, 1996, S. 2.
[4] DIN 18205, Beuth-Verlag Berlin GmbH, 2016, S. 4.

Inhaltsverzeichnis

Abbildungsverzeichnis

Abkürzungsverzeichnis

AHO	Ausschuss der Verbände und Kammern der Ingenieure und Architekten für die Honorarordnung e.V.
AT	Arbeitstage
BGF	Brutto-Grundfläche
DV	Digital Video
DVP	Deutscher Verband der Projektmanager in der Bau- und Immobilienwirtschaft e.V.
DVP-ZERT	Weiterbildungsprogramm des DVP für eine zertifizierte Qualifizierung von Bauprojektmanagern
DIN	Deutsches Institut für Normung
GPM	Deutsche Gesellschaft für Projektmanagement e.V.
HOAI	Honorarordnung für Architekten und Ingenieure
KFA	Kostenflächenart
KG	Kellergeschoss
NC	Nutzungscode
NF	Nutzfläche
qm	Quadratmeter
RC	Raumcode
RPW	Richtlinie für Planungswettbewerbe
S1 (GenTG)	Sicherheitsstufe 1 (Gentechnikgesetz)
VF	Verkehrsfläche

In allen Lebensphasen einer Immobilie hängen Investitionsentscheidungen maßgeblich von der Deckung nachhaltiger Bedürfnisse ab. Bei Immobilien werden Bedürfnisse im Regelkreis der Projektentwicklung zwischen Kapital, Standort und Idee behandelt. Der Bedarf wird oft nicht hinreichend geklärt, während wirtschaftliche Anforderungen und technische Konzeptstudien in den Vordergrund gerückt werden (vgl. Abb. 1.1).

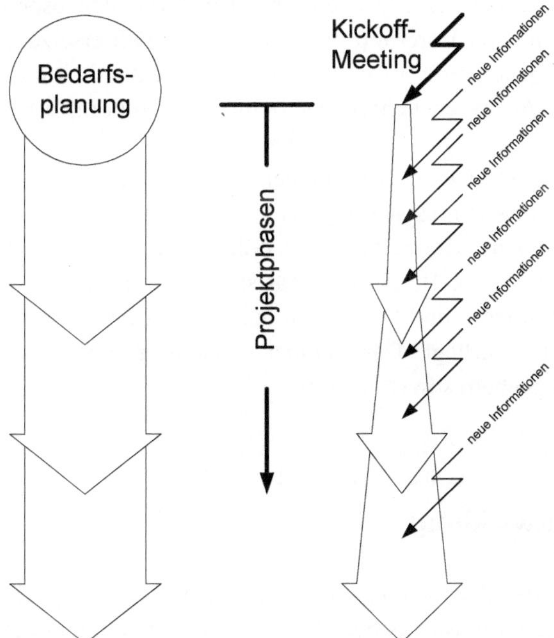

Abb. 1.1 Informationsmenge mit und ohne Bedarfsplanung

Beispiel

Bei einem Krankenhaus ist die Lage der Notaufnahme für die Versorgung von Not-
fallpatienten von entscheidender Bedeutung, denn die Zeitspanne bis zur ärztlichen
Versorgung kann über Leben und Tod entscheiden. Formale und technische Überle-
gungen haben sich dem unterzuordnen.

1.1 Projektvorbereitung – Bedarfsplanung

Die Leistungen der Architekten und Ingenieure beginnen nach dem Leistungskatalog der
HOAI mit der Leistungsphase 1 Grundlagenermittlung. Der Entschluss eines Auftraggebers, mit den Planungen für ein Immobilienprojekt zu beginnen, ist also schon gefasst.

Die Grundleistungen der Leistungsphase 1 Grundlagenermittlung werden im HOAI-
Leistungskatalog kurz und knapp angegeben mit:

*Klären der Aufgabenstellung/Beraten zum gesamten Leistungsbedarf/Formulieren
von Entscheidungshilfen für die Auswahl anderer an der Planung fachlich Beteiligte*

Für den Start eines Projekts ist dies vollkommen ungenügend, da vom Auftraggeber
umfangreiche Vorleistungen zu erbringen sind. Ein Kick-off-Gespräch beim Auftraggeber kann die notwendigen Vorermittlungen in keinem Fall ersetzen. Oft werden diese
umfangreichen Vorarbeiten stillschweigend vom Architekten erwartet, obwohl es nicht
zu seinen originären Aufgaben gehört, der dafür kein Honorar erhält und nur in den
allerwenigsten Fällen das nötige Know-how besitzt.

Die Aufgabe des Architekten liegt in der Lösungsfindung, die Aufgabe der Be-
darfsplaunung ist die Problemfeststellung als Grundlage und Voraussetzung der Beauf-
tragung eines Architekten. Kernpunkt der Vorermittlungen ist mindestens eine doku-
mentierte Bedarfsplanung (z. B. Nutzerbedarfsprogramm), die zu einem weit über-
wiegenden Teil bei mittleren und kleinen Projekten nicht bzw. nur rudimentär (z. B. in
Form einer Raumliste) vorliegt. Das mündet meist in endlosen Änderungsarien und
unzufriedenen Auftraggebern sowie Planern.

1.2 Projektentwicklung

Die Entscheidung für den Anstoß eines Immobilienprojekts ergibt sich aus einem Bedarf
zur Verwendung eines Grundstücks beziehungsweise von Kapital oder einer unbefriedigenden Situation, die – durch Planung und Realisierung eines Projekts – in eine befriedi-
gende Situation überführt werden soll.

Ein Projekt wird „entwickelt".

Die Leistungen der Projektentwicklung stellen einen Prozess dar, der sich nach den Projektstufen des Projektmanagements einteilen lässt. Durch Entscheidungszäsuren entsteht ein geordneter und nachvollziehbarer Projektablauf (dargestellt z. B. als Flussplan). Damit wird das Ausmaß der getroffenen Festlegungen und Entscheidungen bzw. der noch verbleibenden Freiheitsgrade transparent und damit den Projektbeteiligten vermittelbar.

Die Bedarfsplanung ist eine wesentliche Komponente aus den Elementen der Projektentwicklung. Hierzu zählen z. B. folgend genannte Elemente, die üblicherweise in einem Nutzerbedarfsprogramm dokumentiert werden:

- Nutzungskonzeption (Nutzerbedarfsplanung [DIN 18205] Funktions-, Raum- und Ausstattungsprogramm)
- Vorplanungskonzept
- Projektfinanzierung
- Kostenrahmen für Investitionen (DIN 276) und Nutzungskosten (DIN 18980)
- Terminrahmen

Die großen Chancen bei der Entwicklung eines Nutzerbedarfsprogramms liegen in den zu Projektbeginn kaum eingeschränkten Freiheitsgraden hinsichtlich der Planungsentscheidungen. Ein Nutzerbedarfsprogramm hoher Qualität ist die beste Grundlage für Planungsentscheidungen.

Der Bedeutung von Vorabklärungen und dem Erarbeiten von Grundlagen im Hinblick auf die Nutzung am Beginn eines Investitionsvorhabens kann überhaupt nicht genug Aufmerksamkeit beigemessen werden. Forderungen der **Nutzung** schlagen sich nieder in **Zielen und Anforderungen**. Sie müssen eindeutig und erschöpfend beschrieben und in einen Bedarfsplan umgesetzt werden. Mit diesem sind die Arbeitsergebnisse der einzelnen Phasen im gesamten Projektverlauf immer wieder zu vergleichen.

„Der Bedarfsplan ... bietet damit einen Maßstab für die Bewertung der planerischen, baulichen, technischen, und organisatorischen Lösungen und dient somit der Qualitätssicherung über den gesamten Projektverlauf hinweg"[1].

Bedarfsplanung ist Problemfeststellung – Entwerfen ist Problemlösung.

Festgestellte Abweichungen bedingen entweder Veränderungen der Arbeitsergebnisse durch Variantenuntersuchungen oder – wenn dies nicht möglich ist – eine Anpassung der Ziele an die Arbeitsergebnisse. Letzteres dürfte i. d. R. unerwünscht sein.

---

[1] DIN 18205, Beuth-Verlag Berlin GmbH, 2016, S. 4.

Das Tätigkeitsfeld des Bedarfsplaners wird in dieser Kurzanleitung im Sinne einer qualifizierten Projektentwicklung umfassender verstanden. So werden z. B. auch Machbarkeitsstudien und Aspekte der Standortanalysen und -suche einbezogen, die das Leistungsbild einer Bedarfsplanung im engeren Sinne überschreiten.

1.3   Projektkosten

Aus vielen Veröffentlichungen zum Bauprojektmanagement ist bekannt, dass die Kosten und Termine in der Anfangsphase eines Projekts wesentlich höher beeinflussbar sind als in der späteren Ausführungsphase (vgl. hierzu auch Volkmann/Schneider, DVP-Kurzanleitung Heft 1 – Prozessorientiertes Bauprojektmanagement sowie Abb. 1.2).

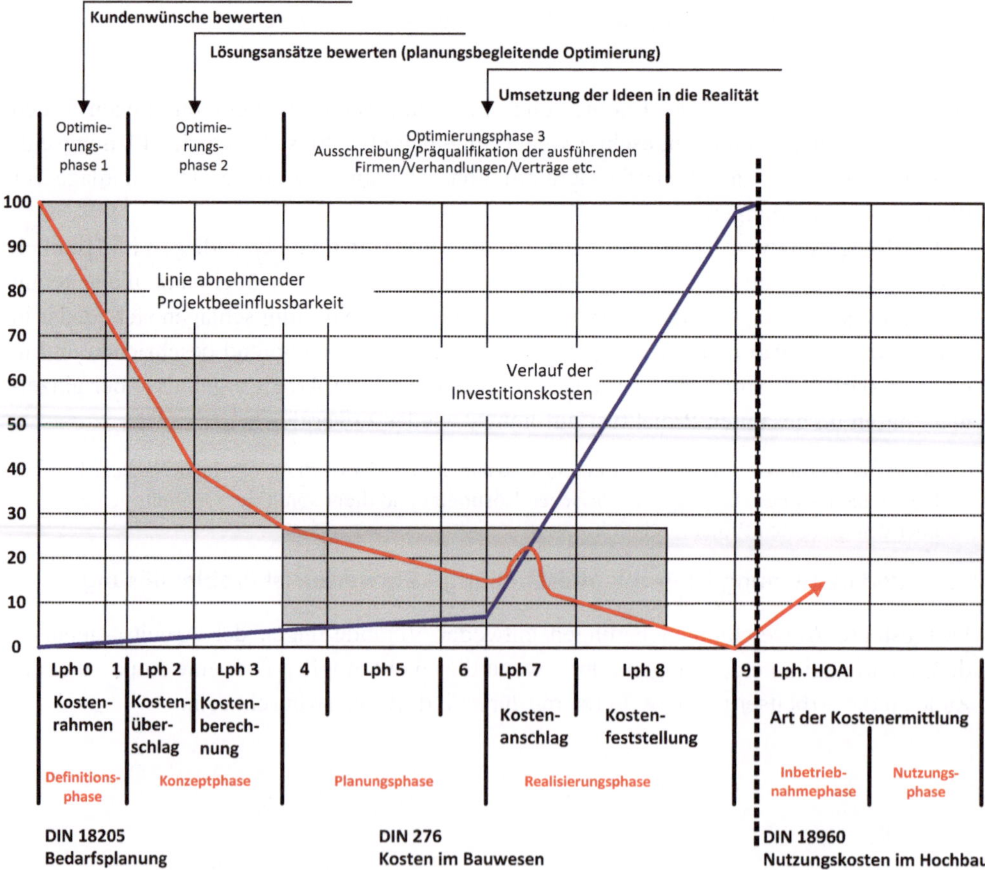

Abb. 1.2 Mit der Projektdurchlaufzeit abnehmende Projektbeeinflussbarkeit

Hodulak/Schramm[2] haben diesen Sachverhalt auch auf die Bedarfsplanung bezogen.

In keiner anderen Phase des Planens und Bauens sind also auch nur entfernt in vergleichbarem Maße Kosten einzusparen als in der Phase der Bedarfsplanung. Durch die Fokussierung auf die Lösungen der richtigen und zuvor sorgfältig und umfassend erarbeiteten und dokumentierten Aufgaben resultieren enorme volkswirtschaftliche Vorteile.

„Durch die gezielte Einbeziehung der Menschen in die Entwicklung der Bauaufgaben entsteht eine neue Form der Akzeptanz der baulichen Ergebnisse."[3]

1.4   Bedarfsplanung im Bauwesen

Es gibt im Bereich der Bedarfsplanung viele Verfahren und Methoden unter vielerlei Namen wie z. B. Brainstorming, Interviewverfahren, Benchmarking, Gebäudebegehungen und -analysen, Datenerhebung mittels Formularen wie Raumblätter, Beziehungsdiagramme, grafische Datenaufbereitungen, The Pattern Language, Projekt Start-up etc.

Seit November 2016 liegt die Deutsche Norm DIN 18205, Bedarfsplanung im Bauwesen, vor. Die Norm ist den oben genannten Methoden gegenüber neutral: Sie gilt übergeordnet für alle Verfahren, ohne eines zu favorisieren.

Die Norm ist wie folgt gegliedert:
Vorwort
Einleitung
1   Anwendungsbereich
2   Normative Verweisungen
3   Begriffe
4   Prozessschritte
5   Inhalt, Struktur und Dokumentation
Anhang A (informativ) Checklisten für die Prozessschritte 1 bis 5

Demnach bedeutet Bedarfsplanung im Bauwesen

„der gesamte Prozess der methodischen Ermittlung eines Bedarfs, einschließlich der hierfür notwendigen Erfassung der maßgeblichen Informationen und Daten, und deren zielgerichtete Aufbereitung als quanitativer und qualitativer Bedarf".[4]

„Die Ergebnisse der Bedarfsplanung können somit als Grundlage für z. B. Machbarkeitsstudien, Auslobungsunterlagen für einen Architektenwettbewerb oder Planungsverträge genutzt werden."[5]

---

2 Martin Hodulak/Ulrich Schramm, Nutzerorientierte Bedarfsplanung – Prozessqualität für nachhaltige Gebäude.
3 Reinhard Küchenmüller, DAB 8/1997, S. 1178.
4 DIN 18205, Beuth-Verlag Berlin GmbH, 2016, S. 5.
5 DIN 18205, Beuth-Verlag Berlin GmbH, 2016, S. 4.

Wie Bedarfsplanung derzeit praktiziert wird und von wem, ist weitgehend dem Einzelfall überlassen. Eine berufsrechtliche Regelung wie eine gesetzliche Ordnung der Honorare liegt hierfür nicht vor.

Auf jeden Fall liegt die Bedarfsplanung im **Verantwortungsbereich des Bauherrn**, gleich wie er ihr gerecht wird. Er kann damit Bedarfsplaner, Architekten, Ingenieure oder andere Fachleute beauftragen. Auf **keinen Fall** ist die Bedarfsplanung durch die Grundlagenermittlung der Planer abgedeckt – sie ist eindeutig die Aufgabe des Bauherrn.

Der Charakter dieser Norm basiert auf dem „Performance Concept", d. h. sie beschreibt die Eigenschaften des zukünftigen Gebäudes als dessen „Leistungen", welche auf zuvor formulierte Anforderungen antworten. Die Norm ist mit den angehängten Checklisten für die Prozessschritte 1 bis 5 nicht auf ein bestimmtes Verfahren der Bedarfsplanung festgelegt, sondern versteht sich als übergeordnete Klammer von Verfahren und Methoden der Bedarfsplanung.

In der Praxis werden Nutzerbedarfsprogramme praktiziert, die aber auch nur strukturelle Hilfestellungen leisten und die Bedarfsplanung nicht ersetzen können. Die Inhalte eines Nutzerbedarfsprogramms können z. B. sein:

- **Bedarfsableitung nach Zweck und Ziel**
  nach dem Ist-Stand
  nach der künftigen Entwicklung
  nach terminlichen Zwängen

- **Voraussetzungen für die Bedarfsdeckung**
  Nutzeinheiten
  Flächen- und Raumbedarf
  Anforderungen an den Betrieb
  Ausstattungen
  Aufbau- und Ablauforganisation

- **Klärung der Grundstücksvoraussetzungen**
  Standort
  privatrechtliche Bedingungen
  öffentlich-rechtliche Bedingungen
  Investitionsrahmen

- **Finanzierung**
  Kostenrahmen
  Eigenkapital
  Zuschüsse
  Fremdmittel

- **Anlagen**
  Raum- und Funktionsprogramm
  Ausstattungsprogramm
  Terminrahmen
  Mittelbedarfsplan
  Folgekosten

Die grundlegende Bedeutung der Bedarfsplanung wird trotz aller strukturellen Hilfestellungen in Deutschland weiterhin nicht ausreichend anerkannt. So liegen auch keine Leistungs- und Honorierungsrichtlinien vor. Im angloamerikanischen Raum hingegen ist Bedarfsplanung schon lange ein selbstverständlicher Bestandteil einer Projektentwicklung.

1.5 Problemlage

Aus der Erfahrung der Autoren im Umgang mit der Bedarfsplanung ergeben sich folgende Thesen:

- In manchen Projekten – vor allem denen der öffentlichen Hand – scheint es in dieser ersten Phase eine Kultur des bewussten Wegsehens zu geben: Sinken doch die Realisierungschancen, wenn die voraussichtlichen Kosten, wider besseres Wissen, spekulativ (zu) niedrig angegeben werden. Keine oder eine unvollständige Bedarfsplanung und zu geringe Kostenansätze lassen Projekte zunächst günstiger erscheinen und können so eher mit einer Projektgenehmigung rechnen. Wenn dann die Projektgenehmigung vorliegt, ist oft (angeblich) keine Zeit mehr, die Anforderungen sorgfältig zu erarbeiten und zu überprüfen.

- In der Projektvorbereitungsphase wird oft unstrukturiert gearbeitet. Das Projekt ist noch nicht genehmigt, und es steht noch kein Projektetat zur Verfügung. Verständlicherweise wird bis zur endgültigen Projektgenehmigung möglichst wenig Aufwand betrieben. Dabei sind in dieser Phase die Kosten der Projektvorbereitung im Verhältnis zu den Gesamtkosten marginal. Die Leistungen in dieser Phase sind hingegen für den Erfolg eines Projekts ebenso grundlegend wie entscheidend.

- Bei der Bedarfserfassung werden vor allem quantitative Aspekte berücksichtigt. Qualitative Anforderungen sind schwer zu handhaben und lassen sich schwerlich instrumentalisieren. Für den Betrieb relevante Themen werden, wenn überhaupt, nicht in der nötigen Tiefe behandelt. Probleme, die sich aus den gebäudetechnischen Anforderungen (z. B. Gebäudeleittechnik) ergeben, werden oft nicht frühzeitig erkannt bzw. thematisiert.

- Es gibt nur wenige für die Leistungen der Bedarfsplanung speziell qualifizierte Fachleute. Sie müssen neben dem architektonischen Gespür über ein gesundes Maß an Projektmanagementkompetenz verfügen, da sie zur rechten Zeit die richtigen „Experten" mit einbinden müssen.

- Eine sorgfältige und umfassende Bedarfsplanung dient allen am Projekt Beteiligten: dem Bauherrn, den Nutzern, den Planern und den finanzierenden Instanzen.

- Von guter Bedarfsplanung profitieren alle Projektgrößen und Projektarten: vom Einfamilienhaus über den Betrieb, die Schule, ein Headquarter, ein Krankenhaus bis hin zum Stadtteil.

- Der Nutzen dieser Leistungsphase muss stärker ins Bewusstsein gerückt werden. Der Sachverhalt ist unzweifelhaft und klar. Das bedeutet jedoch einerseits, vertraute Pfade zu verlassen. Andererseits heißt es, sich bereits in dieser sehr frühen Projektphase auch unbequemen Fragen zu stellen und Entscheidungen zu treffen.

- Dieser Phase muss ein eigenes Leistungsbild verschafft, die notwenige Zeit und die Finanzierung gewährt und das nötige Know how hinzugezogen werden.

Im Folgenden werden die Kernleistungen und Herangehensweisen beschrieben.

Bedarfsplanung des Bauherrn, Nutzers, Betreibers

Eine Familie braucht Wohnraum, ein Unternehmen eine neue Produktionsstätte oder Büroflächen, eine Institution ein neues Pflegeheim, eine Kommune ein neues Rathaus oder einen Kindergarten etc. Sie alle haben einen Bedarf[1], wofür eine bauliche Maßnahme erforderlich erscheint. Die Bedarfsplanung erforscht die Motive des Bauherrn und definiert die Anforderungen, die mit der baulichen Maßnahme erfüllt werden sollen. Oft ist ein Bauherr sich vermeintlich sicher, was er braucht. Es ist eine Kernaufgabe der Bedarfsplanung, den Bedarf gründlich zu analysieren und zu hinterfragen. Zumeist wird dabei erkannt, dass die tatsächlichen Probleme tiefer liegen und sich daraus grundlegend andere Anforderungen ergeben können, die dann gemeinhin auch zu gänzlich anderen Lösungen führen.

Ein Projekt entsteht.

Mit der Bedarfsplanung sind die Ziele zu klären. Warum soll gebaut werden? Was ist der tatsächliche Bedarf?

Die oftmals praktizierte Vorgehensweise, mit einer groben Annahme des Bedarfs, Lösungsvorschläge zu sammeln und dann zu sehen, was am besten passen könnte (try and error) ist falsch. Indem versucht wird, die Anforderungen anhand von ersten Lösungsansätzen präzisieren zu wollen, bleiben die Anforderungen unzureichend geklärt und wird das Spektrum möglicher Lösungen bereits nachteilig eingeschränkt.

---

[1] „Bedarf: Notwendigkeit von materiellen und immateriellen Ressourcen zur Ermöglichung von Aktivitäten jeglicher Art." DIN 18205, Beuth-Verlag Berlin GmbH, 2016, S. 5.

Bevor eine passgenaue Antwort gegeben werden kann, muss die Frage der Anforderungen vollständig verstanden werden. Bevor über Lösungen nachgedacht werden kann, muss das Problem sorgfältig und grundsätzlich erforscht und beschrieben werden. All das muss die Bedarfsplanung leisten.

Der Bedarf muss umfassend und mindestens für die Phase des Vorentwurfs hinreichend detailliert erfolgen. Die Bedarfsplanung muss zielgerichtet eine möglichst große Vielfalt an Lösungen der Architektur, der vertikalen und horizontalen Erfüllung der Funktionen des Objektes sowie der Konstruktion zulassen. Umfassend heißt: Sämtliche quantitativen und qualitativen Anforderungen an Gebäude und Außenanlagen müssen erfasst sein mit allen Angaben zu besonderen Anforderungen wie z. B. Tageslicht, Beziehungen von Flächen untereinander, besondere konstruktive Anforderungen, besondere Ausstattungen, Raumgrößen und -höhen, aber auch Stellplätze, Brand-, Explosions- und Intrusionsschutz, Außenanlagen etc.

Bedarfsplanung ist mehr als die Definition der erforderlichen Flächen. Sie hat die Aufgabe, Grundlagen für eine Planung mit möglichst großem Freiraum für innovative und vielfältige Lösungen zu bieten. Die Bedarfsplanung darf der Planung nicht vorgreifen. Sie soll den Rahmen formulieren, in dem die Planer angeregt werden, die besten Lösungen zu finden.

Das Ziel muss sein, den Wissensstand über die Bedarfe in der frühen Phase der Projektvorbereitung weit zu entwickeln. Das bedeutet für den Auftraggeber, früh Entscheidungen zu treffen, denn anders ist eine Planungs- und Qualitätssicherheit nicht zu erreichen.

Oft liegt das Problem einer Projektentwicklung nicht in falschen Entscheidungen, sondern vielmehr darin, dass keine Entscheidung getroffen wird. Hier muss die Bedarfsplanung im Sinne einer Unternehmensberatung die Zielsetzungen in ihren Grundsätzen in Frage stellen: Was ist das eigentliche Problem? Warum wird ein Gebäude gebraucht?

Die Frage nach dem „Warum?" muss zuerst gelöst werden. Die Frage nach dem „Was?" stellt sich dann in der weiteren Projektentwicklung und nach dem „Wie?" erst in der anschließenden Planungsphase.

Beispiel 1

In einem expandierenden mittelständischen Unternehmen wuchs die Zahl der Mitarbeiter. Hochgerechnet sollte dafür die Bürofläche um 1.200 qm BGF vergrößert werden. Eine Analyse der Betriebsabläufe und der daraus folgenden Arbeitsplatzbewertung ergab, dass ein wesentlicher Anteil der Mitarbeiter im Außendienst tätig ist und damit nur temporär einen Arbeitsplatz benötigt. Die erforderlichen neuen Arbeitsplätze konnten durch Neuordnung der Betriebsabläufe und Umbauten im Bestand geschaffen werden. Einen Planungsauftrag für 1.200 qm neue Büroflächen durch Neu- bzw. Anbau zu vergeben war nicht nötig und wäre deshalb eine Fehlinvestition gewesen.

Für den Neubau eines Sportvereinsgebäudes sollte ein Architektenwettbewerb für die Fassadengestaltung ausgeschrieben werden. Für Durchführung und technische Bewertung des Wettbewerbs wurde ein darauf spezialisiertes Büro beauftragt. Bei Workshops mit der Vereinsleitung wurde deutlich, dass andere, grundlegendere Probleme zunächst gelöst werden mussten: Das geplante Vereinsgebäude würde an einem falschen Standort entstehen und die schon bestehenden Probleme verschärfen. Auf der Basis einer umfassenden Problemerkundung und -beschreibung wurde dann ein Wettbewerb zur Neuordnung des Vereinsgeländes durchgeführt.

Die Grundlagen der Bedarfsplanung unterscheiden sich je nach Art des Projekts. Bei einem Selbstnutzer, beispielsweise einem Industrieunternehmen, resultiert die Bedarfsplanung vor allem aus den konkreten Nutzungsanforderungen, die im Betrieb ermittelt werden können. Bei einem Investorenprojekt hingegen liegen keine konkreten Nutzungsabläufe vor. Hier müssen die Anforderungen aus einer Nachfrage im Markt hergeleitet werden.

Für selbstnutzende Bauherrn ist die Baumaßnahme zumeist nicht das Kerngeschäft der eigenen Tätigkeit, sondern sie soll der Erfüllung dessen dienen. Dabei werden die Gründe zur Entscheidung zu einem Bauvorhaben zwar aus den Betriebsnotwendigkeiten hergeleitet. Oftmals jedoch werden Bauvorhaben zu schnell und ohne hinreichende Prüfung in ein erstes Bedarfsprogramm umgesetzt. Eine wesentliche Aufgabe der Bedarfsplanung ist es, diese ersten Annahmen genau zu hinterfragen und die dahinter stehenden Ziele zu erarbeiten und in den Fokus zu rücken. Bauherrn für den Eigenbedarf haben im Unterschied zum Investor den Vorteil, die Nutzungsanforderungen genauer zu kennen bzw. analysieren zu können. Sie haben sich jedoch oftmals gedanklich schon in ersten Lösungsansätzen verfangen.

Der Investor, der eine Angebotsimmobilie auf dem Markt platzieren will, kann hingegen keine differenzierten Nutzungsanforderungen definieren. Er benötigt möglichst marktgängige Immobilien größtmöglicher Anpassungsfähigkeit für zukünftige Nachfragen.

Der Bedarf muss in jedem Fall nicht nur quantitativ, sondern auch qualitativ möglichst genau beschrieben werden. In dem Punkt tun sich Viele schwer. Wie geht das, ein schönes Gebäude zu fordern? Was bedeutet das für den Auftraggeber, wie bekommt man dazu Erkenntnisse und Angaben? Wie kann das formuliert werden? Auch dazu werden in diesem Leitfaden Hinweise gegeben.

Planen und bauen ist jedoch nie zu 100 % exakt vorhersehbar. Im Projektverlauf werden neue Erkenntnisse erlangt. Jede Bedarfsplanung wird im Laufe des Projekts überholt – sie muss angepasst und fortgeschrieben werden. Das ist zwingend notwendig und muss professionell betrieben werden: Änderungsanforderungen müssen protokolliert, auf ihre Auswirkungen auf Qualitäten, Kosten und Termine überprüft und entschieden werden.

Die erste Bedarfsplanung und Aufgabenstellung muss sich dieser Tatsache bewusst sein und den notwendigen Handlungsspielraum berücksichtigen, einplanen und kommunizieren.

Bedarfsplanung ist „work in progress".

Die Neufassung der DIN 18205 führt erstmals fünf Projektschritte zur Durchführung einer Bedarfsplanung ein:

1. Projektkontext klären
2. Projektziele festlegen
3. Informationen erfassen und auswerten
4. Bedarfsplan erstellen
5. Bedarfsdeckung untersuchen und festlegen

Daran schließt sich nahtlos Schritt 6 „Bedarfsplan und Lösungen abgleichen" an.

Die fünf Schritte sind idealtypisch und inhaltlich logisch aufeinander aufgebaut. Eine umfassende, detaillierte und jeweils abschließende Abarbeitung dieser Projektschritte nacheinander würde den Anforderungen der Praxis und einer wirtschaftlichen Projektentwicklung nicht gerecht werden.

In dieser Kurzanleitung werden die Projektschritte der DIN in operative Phasen als Leitfaden für den Projektablauf umgesetzt.

Zumindest bei Projekten einer professionellen Projektentwicklung ist es angeraten, die Bedarfsplanung in zwei Detaillierungsschritten durchzuführen. Aufbauend auf Phase 1 Projektdefinition (entspricht den Schritten 1 und 2 der DIN: Projektkontext klären und Projektziele festlegen) wird in Phase 2 das Grobprogramm erarbeitet (entspricht den Schritten 3 und 4 der DIN: Informationen erfassen und auswerten und Bedarfsplan erstellen). Das Grobprogramm bietet die Grundlage für das Strategiekonzept in Phase 3 (Großteil von Schritt 5 der DIN: Bedarfsdeckung untersuchen und festlegen). Die Strategieentscheidung definiert den Weg zur Erarbeitung eines detaillierteren und zumeist auch erheblich aufwendigeren Feinprogramms in der Phase 4 (differenzierterer Durchlauf der Schritte 3 und 4 der DIN). Das Feinprogramm ist in einer abschließenden Optimierungsphase durch die Projektleitung auf die Sinnfälligkeit und Angemessenheit zu überprüfen und zu optimieren (Schritt 5 der DIN: abschließende Untersuchung und Festlegung der Bedarfsdeckung).

Die Checklisten der DIN bieten in den jeweiligen Phasen eine gute Orientierung zur Erarbeitung der Inhalte. Sie sind für das Grobprogramm und das Feinprogramm entsprechend in unterschiedlicher Differenzierung anzuwenden.

Der im Folgenden dargestellte Ablauf einer Bedarfsplanung gibt eine idealtypische Orientierung. Die einzelnen Phasen sollten in jedem Fall durchlaufen, wenn notwendig auch wiederholt werden. Bei kleineren Projekten können Schritte zusammengefasst werden, z. B. das Grobprogramm und das Strategiekonzept.

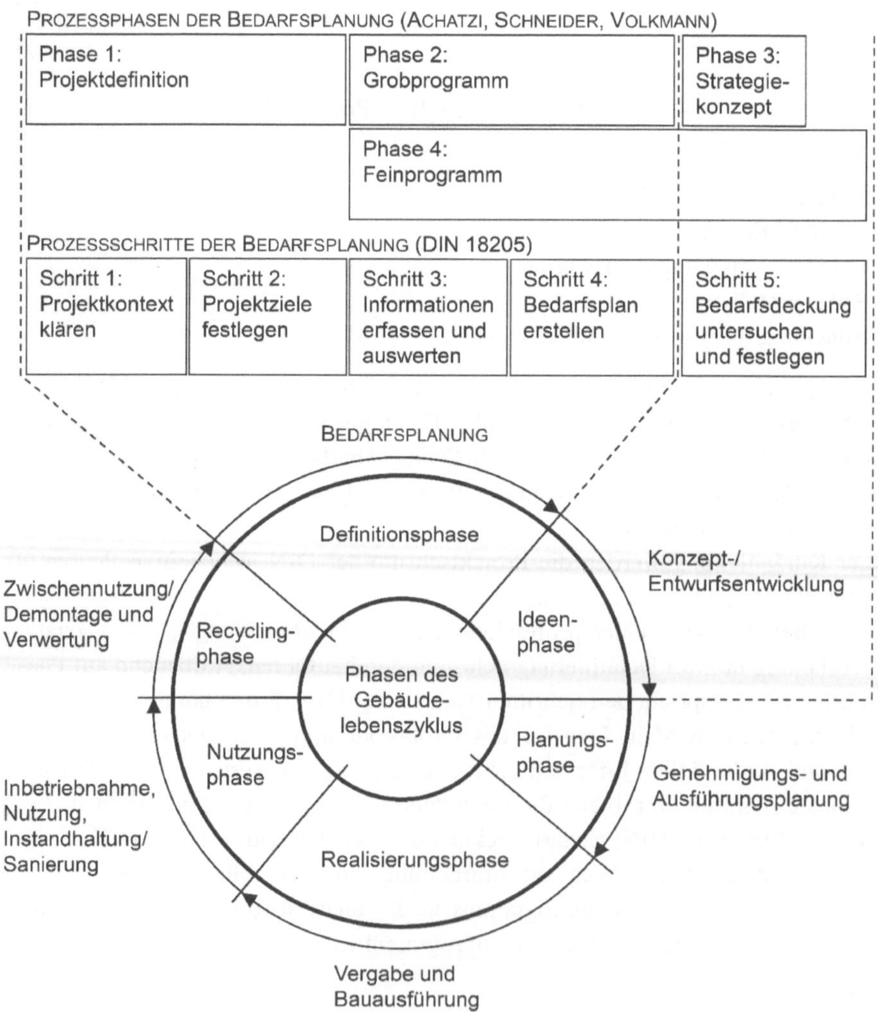

Abb. 3.1 Phasen und Schritte der Bedarfsplanung im Gebäudelebenszyklus

3.1   Phase 1: Projektdefinition

Zu Beginn der Bedarfsplanung erfolgt die Projektdefinition. Sie dient dazu, die zu Beteiligenden, die globalen Ziele und den grundsätzlichen Bedarf (Frage, ob der Bedarf überhaupt besteht) zu klären.

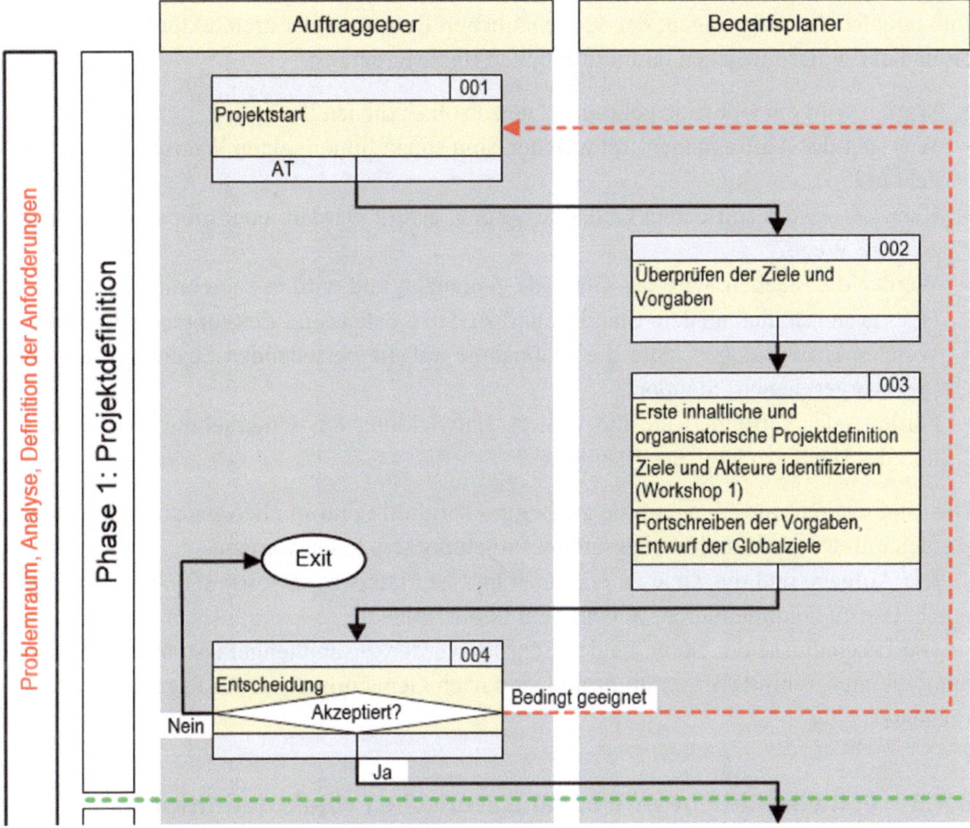

Abb. 3.2 Bedarfsplanung Phase 1: Projektdefinition

3.1.1   Projektstart [001]

Das Startgespräch mit dem Auftraggeber findet auf Geschäftsführerebene (oberste Lenkungsebene) statt.

In dem ersten Gespräch wird der Kenntnisstand über die Ziele, Vorgaben und Annahmen zu Qualitäten, Budget, Terminrahmen und Organisation des Projekts vermittelt und der Projektrahmen abgesteckt. Es dient maßgeblich dazu, die einzelnen Beteiligten

„mit ins Boot" zu nehmen und über die erforderlichen Kommunikationsprozesse zu informieren. Die Leitung wird in der Regel von der Geschäftsführung wahrgenommen, der Bedarfsplaner moderiert hierzu und stellt den Verfahrensablauf vor.

3.1.2 Überprüfen der Ziele und Vorgaben [002]

Der Bedarfsplaner hinterfragt grundlegend die Angaben des Bauherrn aus Sicht der funktionalen Anforderungen, der städtebaulichen Relevanz, der architektonischen Qualität und der wirtschaftlichen und terminlichen Realisierbarkeit.

- Warum wird ein Gebäude gebraucht, wozu soll es dienen?
- Was sagt der Auftraggeber und welcher Sinn steckt hinter seinen Wünschen – worum geht es?
- Kann der Zweck mit einem Gebäude optimal erfüllt werden, oder gibt es andere effizientere Wege?
- Werden die Flächen, wird das Gebäude gebraucht, und wird es so gebraucht?
- Ist es grundsätzlich an dem Standort und zu den Kosten- und Zeitvorgaben denkbar?
- Welche Auswirkungen hätte die Maßnahme auf die bestehenden Strukturen und am (ggf. vorgesehenen) Standort?
- Fördert oder verhindert sie die weitere Entwicklung des Unternehmens/der Institution/des Bauherrn bzw. des Standortes?

Das sind die zentralen Fragen, die zu Beginn sorgfältig und in allen Facetten untersucht werden müssen und durch den gesamten Projektprozess leiten werden.

Die Aufgabe und die Ziele zu erkennen und zu hinterfragen sowie die Abstimmungsergebnisse zu dokumentieren, obliegt dem Bedarfsplaner.

Die Erkenntnisse der ersten beiden Schritte werden zusammengefasst, mit dem obersten Lenkungsgremium abgestimmt und sind nach Genehmigung Grundlage des weiteren Prozesses.

3.1.3 Erste inhaltliche und organisatorische Projektdefinition (Workshop 1) [003]

Es empfiehlt sich, ein Projektteam mit etwa vier bis acht Mitgliedern einzurichten, bestehend aus

- internen Führungskräften mit einem definierten Projektleiter
- internen Experten und direkt betroffenen Nutzern
- Bedarfsplaner

Vereinbarung der Organisations- und Kommunikationsform, Jour Fixe

Die weiteren Wissens- und möglicherweise Entscheidungsträger für das Projekt werden vom Bedarfsplaner ermittelt.

Workshops

Im Rahmen von Workshops können Ziele hinterfragt und überprüft, ggf. modifiziert werden. Ein bewährtes Instrument ist eine Workshop-Reihe mit einem bis drei Workshops. Alle für das Projekt relevanten Wissens- und Entscheidungsträger sollten einbezogen werden, um die grundlegenden Projektziele zu überprüfen und zu klären. Hierbei kann sich der Projektauftrag auch grundsätzlich ändern, wenn festgestellt wird, dass die Ziele des Projekts mit dem angenommenen Programm nur bedingt erreicht werden.

Der Bedarfsplaner hat dabei besonders zu beachten:

- Umfassende Ermittlung der zu Beteiligenden
- Grundlegende Trennung von Bedarfsplanung und Entwurf, von Fragestellung und Lösung, von Problemraum und Lösungsraum[1]
- Ergebnisoffene Diskussion. Jede Frage ist erlaubt, es gibt keine Denkverbote.
- Konzentration auf die der Projektphase angemessenen Fakten und Vorgaben.

Akteure

- Auftraggeber: Führungsebene und Wissensträger, Projektleiter
- Bedarfsplaner
  (Prozesskosten: gering
  Instrumente: Workshop, Interview, Brainstorming etc.
  Auswirkungen: grundlegend
  Ergebnis: offen für die Projektplaner)

Ziele

- Bestätigung der modifizierten Ziele und Schlussfolgerungen durch den Bauherrn
- Klärung der strategischen Lösungsmöglichkeiten: Baumaßnahme erforderlich? Umbau/Neubau, Alternativen

Im Ergebnis werden vom Bedarfsplaner die Vorgaben fortgeschrieben und die Globalziele im Entwurf dokumentiert. Diese werden dann dem Auftraggeber zur Prüfung/Abstimmung übergeben.

3.1.4 Entscheidung des Auftraggebers [004]

Mit der Entscheidung des Auftraggebers kommt es entweder zum „Exit" oder zum Übergang in die nächste Stufe, zum Grobprogramm.

---

[1] GPM, Kompetenzbasiertes Projektmanagement.

3.2   Phase 2: Grobprogramm

Mit der Projektdefinition und der Entscheidung über die Eignung des Projekts werden in
der Phase 2 die Programmanforderungen in einer ersten Stufe festgelegt und die Umset-
zungsmöglichkeiten in einer Machbarkeitsstudie analysiert.

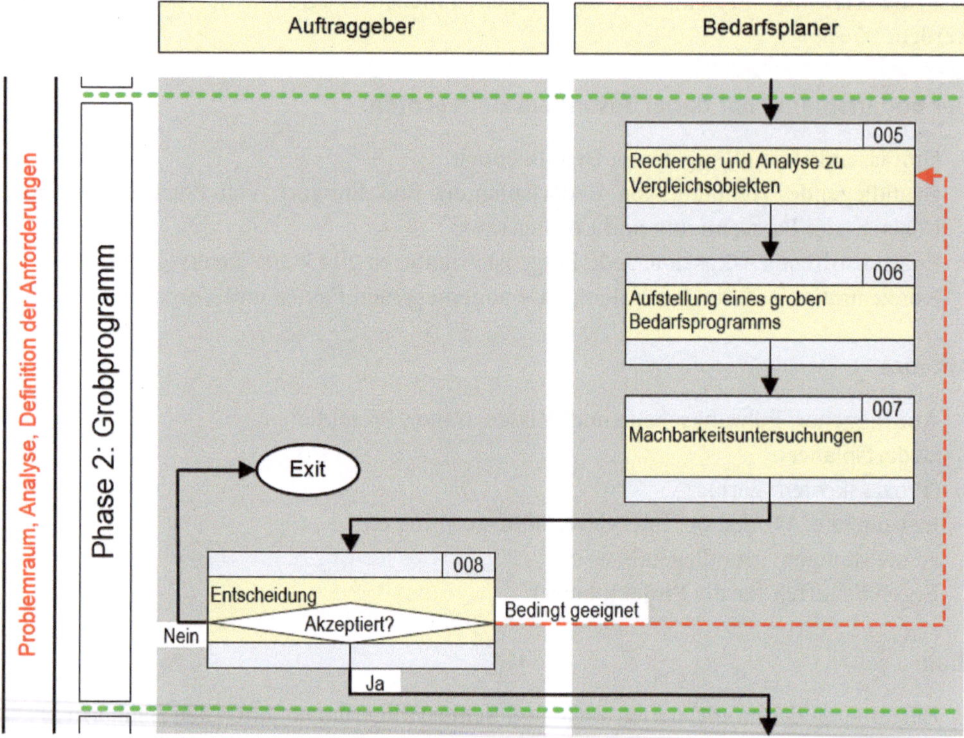

Abb. 3.3 Bedarfsplanung Phase 2: Grobprogramm

3.2.1   Recherche und Analysen zu Vergleichsobjekten [005]

Folgende Recherchen stehen zu Beginn des Grobprogramms an:

- Referenzobjekte vergleichbarer Nutzung und Größenordnung recherchieren und be-
  sichtigen
- Quellen in Literatur und Wissenschaft konsultieren
- Interne und externe Experten befragen

Nächstgenannte Analysen folgen der Recherche:

- Standortanalyse
- Marktanalyse

3.2.2   Aufstellung eines groben Bedarfsprogramms [006]

Zu einem groben Bedarfsprogramm gehören Nutzungsbereiche, Module, der grobe Umfang und Standortanforderungen.

Der Bedarfsplaner entwickelt ein erstes grobes Bedarfsprogramm auf der Basis der gewonnenen Informationen – insbesondere aus den Vorgaben des Bauherrn und seiner Führungskräfte und Wissensträger, den Recherchen von Wissenschaft und Referenzprojekten – sowie den Ergebnissen der Standort- und Marktanalysen. Das Programm umfasst die grundlegenden Nutzungsarten und Bereiche, erste Flächenannahmen und die elementaren funktionalen wie qualitativen Anforderungen. Dies kann je nach Projektart und -größe sehr unterschiedlich ausfallen. In jedem Fall muss die grobe Bedarfsplanung folgende Eckdaten definieren:

- Anzunehmende Geschossflächen der Funktionsbereiche (Tabelle)
- Zuordnung der Funktionen (Funktionsdiagramm)
- Anforderungen an die äußere Erschließung für Personen und Güter
- Angestrebte architektonische Qualität, Anmutung und Wirkung
- Erforderliche Grundstücksfläche
- Erforderliche Erweiterungsoptionen
- Besondere Umweltanforderungen bzw. -wirkungen
- Erster Terminrahmen der Realisierung
- Erste grobe Kostenorientierung

3.2.3   Machbarkeitsuntersuchungen [007]

Die Anforderungen des groben Bedarfsprogramms werden auf ihre Machbarkeit überprüft. Bei gegebenem Standort werden vor allem die infrastrukturelle und technische sowie planungsrechtliche Realisierbarkeit des Programms am vorgesehenen Standort geprüft.

Auf der Basis des Grobprogramms kann eine erste pauschale Kostenorientierung auf der Grundlage von Flächen- und Kubaturzahlen gegeben werden. Es ist von grundlegender Bedeutung, auf die dieser Projektphase entsprechende große Unzuverlässigkeit der Angaben hinzuweisen. Einigermaßen verlässliche Kostenangaben im Sinne einer Kostenschätzung nach DIN 276 können erst auf der Grundlage einer Vorplanung gegeben werden.

Falls der Standort noch zu suchen ist, werden aus den Anforderungen des groben Bedarfsprogramms die Standortanforderungen präzisiert und erste Standortoptionen benannt.

In Szenarien werden strategische Optionen aufgezeigt und Empfehlungen zum weiteren Verfahren gegeben.

3.2.4   Entscheidung des Auftraggebers [008]

Das grobe Bedarfsprogramm und die Machbarkeit werden im Projektteam diskutiert. Gegebenenfalls werden an den Bedarfsplaner Aufträge zur Präzisierung bzw. Modifizierung erteilt.

Bei einer Bestätigung gibt das Projektteam eine Empfehlung zum weiteren Vorgehen an die Führungsebene des Bauherrn. Die Führungsebene des Bauherrn entscheidet über das Vorgehen und gibt anhand der vorgestellten Szenarien Vorgaben für die weitere Bearbeitung. Bei unbefriedigenden Ergebnissen wird das Projekt in eine Überarbeitung des Grobprogramms gegeben bzw. abgebrochen.

3.3   Phase 3: Strategiekonzept

Grobprogramm und belegte grundsätzliche Machbarkeit bieten die Grundlagen, um Strategien der weiteren Bedarfsplanung und der Umsetzung zu erarbeiten. Das Konzept definiert die Strategien insbesondere zur

- baulichen Realisierung durch Umbau/Neubau/Standortwechsel
- Findung bzw. Sicherung des Standortes
- Fortschreibung der Bedarfsplanung zum differenzierten Bedarfsprogramm
- Fortschreibung der Kosten- und Terminrahmen

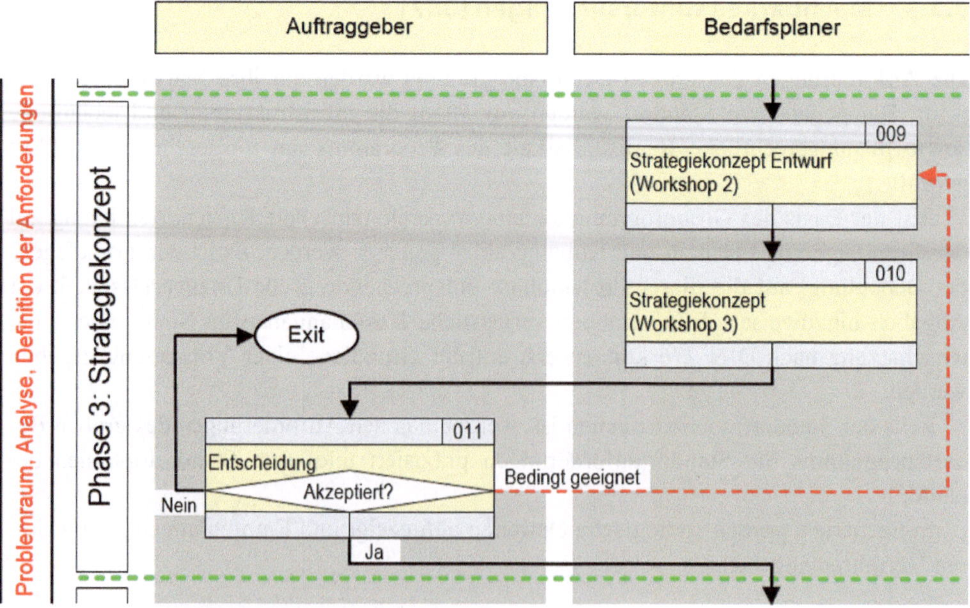

Abb. 3.4   Bedarfsplanung Phase 3: Strategiekonzept

3.3.1   Strategiekonzept Entwurf (Workshop 2) [009]

In einem Workshop werden die Ziele und die strategischen Optionen der weiteren Bedarfsplanung aufgezeigt und diskutiert. Teilnehmer sind das Projektteam, weitere Führungskräfte und Wissensträger des Unternehmens und bei Bedarf auch externe Experten. Vor allem an den Bedarfsplaner werden Aufgaben zur weiteren Klärung offener Themen sowie zur Strategieentwicklung erteilt.

Dieser Workshop wird vom Bedarfsplaner qualifiziert vorbereitet und ergebnisorientiert geführt oder moderiert. Im Ergebnis wird ein Strategiekonzept erstellt, welches weiter zu erörtern ist.

3.3.2   Strategiekonzept (Workshop 3) [010]

In einem zweiten Workshop wird das Strategiekonzept abschließend diskutiert und abgestimmt. Es wird dem Bauherrn mit einer Empfehlung zur Entscheidung vorgeschlagen.

3.3.3   Entscheidung des Auftraggebers [011]

Nach Entscheidung durch den Auftraggeber dient das Konzept als Grundlage für die weitere Arbeit.

3.4   Phase 4: Feinprogramm

Nachdem die Weichen zum Bedarfsprogramm und das Strategiekonzept gestellt sind, erfolgt in dieser komplexen Arbeitsphase die Fortschreibung zum Bedarfsprogramm und die Sicherstellung des Standortes. Das Bedarfsprogramm kann nicht isoliert betrachtet werden. Es korrespondiert mit der Projekt- und Standortentwicklung sowie den Finanzierungskonditionen.

3.4.1   Standortanalyse [012]

Sofern noch kein Standort gegeben ist, sind die Standortanforderungen bei Bedarf fortzuschreiben und potenzielle Standorte zu recherchieren. Wenn ein Standort gefunden und gesichert ist, sind die Standortbedingungen differenziert zu analysieren (die umfassende Standortanalyse wird hier nicht weiter vertiefend behandelt).

Die Erkenntnisse aus der differenzierten Standortanalyse und dem Grobprogramm werden im Hinblick auf mögliche Auswirkungen auf das Nutzerbedarfsprogramm überprüft. Das Projektteam beschließt die Arbeitsaufträge für die Erarbeitung eines differenzierten Nutzerbedarfsprogramms.

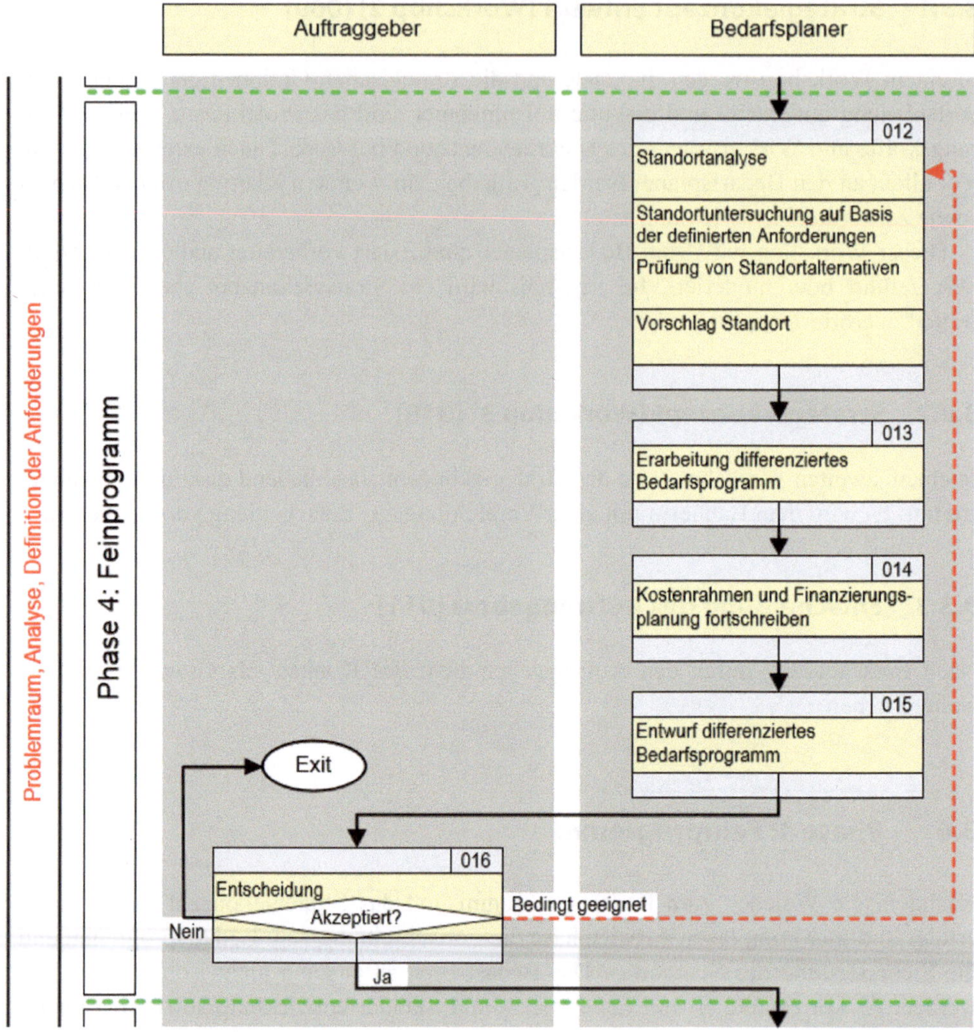

Abb. 3.5 Bedarfsplanung Phase 4: Feinprogramm

3.4.2 Erarbeitung eines differenzierten Bedarfsprogramms [013]

Selbstnutzer

Bei dem Projekt eines Selbstnutzers sind in dieser Projektphase vielfältige Recherche- und Analysearbeiten erforderlich. Die bisher pauschal beschriebenen Nutzungsabläufe sind jetzt möglichst genau zu definieren. Als Informationsquellen dienen insbesondere:

- Strukturierte Interviews mit Führungskräften, Wissensträgern, direkt Betroffenen
- Befragungen mit Fragebogen und Polaritätenprofil

- Beobachtung von Arbeitsabläufen
- Weitere Recherche von Fachwissen (Literatur, externe Experten)
- Workshops mit Unternehmenseinheiten bei Bedarf
- ggf. Besichtigungstouren von Referenzobjekten mit Führungskräften

Vor allem zu den folgenden Themen werden Informationen und Meinungen erhoben:

- Erforderliche Flächenarten (z. B. Büro, Besprechung, Produktion, Lager, Archiv, Sozialräume, Teeküchen, Essensversorgungen, IT, Poststelle, An- und Ablieferung, Stellplätze PKW/Fahrräder, Mülllager). Dabei ist es empfehlenswert, auch nach der Notwendigkeit der Flächenarten zu fragen: Sind sie erforderlich, „nice to have" oder unnötig?
- Notwendige Flächengrößen und -eigenschaften wie z. B. Grundfläche, Proportion, Raumhöhe, Tageslicht, natürliche Belüftung, Anzahl der erwarteten Nutzer
- Funktionale Anforderungen: Nachbarschaften, Wege- und Transportverbindungen, Organisationsform (z. B. der Büroarbeit), Raumklima, Tragwerk, Sichtbeziehungen, Schallschutz, Barrierefreiheit
- Qualität der Architektur, erwartete Anmutung in der Außen- und Innenwirkung
- Besondere atmosphärische Anforderungen: Privatheit, Ablesbarkeit, Exklusivität, Werkstattcharakter etc.
- Exklusivität, Frequenz und Dauer der voraussichtlichen Raumnutzungen, Möglichkeit der Synergien durch Mehrfachnutzungen
- Erforderliche Serviceeinrichtungen
- Sicherheitsanforderungen: öffentlich zugänglich, über Zugangskontrolle zugänglich, Sicherheitsbereich
- Besondere technische Anforderungen: Lüftung, Belichtung, Sonnen- und Blendschutz, Abdunkelung, Reinheit, Raumklima, Lasten, hoher Materialfluss, besondere technische Ausstattung wie Akustik, Video, Präsentationstechnik, Podien, Gestühl
- Mittelfristiger Erweiterungsbedarf
- Anpassungsfähigkeit der Flächen an veränderte Nutzungs- oder Organisationsformen
- Ökologische Anforderungen, Nachhaltigkeit der Immobilie
- Lebenszykluskosten
- Inklusion, Barrierefreiheit
- Orientierungsqualität

Fremdnutzer

Im Unterschied zum Projekt eines Selbstnutzers liegen bei einem reinen Investorenprojekt zumeist noch keine konkreten Anforderungen eines Nutzers vor. Der Bauherr möchte eine Angebotsimmobilie auf dem Markt platzieren. Hier steht vor allem die Vermietbarkeit im Fokus. Die Anforderungen an die Immobilie stehen im Spannungsfeld einer möglichst neutralen Flächendisposition einerseits und vielfältigster Nutzeranforderungen andererseits. Zudem werden ein Alleinstellungsmerkmal und eine besondere Identität der

Immobilie als Vermarktungsargument angestrebt. Die Anforderungen sind aus einer möglichst differenzierten Marktanalyse weiter herauszuarbeiten und erfordern weitreichende Vorgaben des Bauherrn.

3.4.3 Kostenrahmen und Finanzierungsplanung fortschreiben [014]

Parallel zur Bedarfsplanung sind die Fragen der Kapitalbeschaffung und Finanzierung für die Errichtung und den Betrieb fortzuschreiben und zu klären. Die Erarbeitung des Bedarfsprogramms muss mit einer Fortschreibung des Finanzierungsplans begleitet und ggf. angepasst werden. Die Finanzierungsplanung selbst ist hier nicht Gegenstand.

Hierzu ist der Kostenrahmen mit dem differenzierten Bedarfsprogramm fortzuschreiben. In der Praxis hat sich bewährt, dass verschiedene Ermittlungsmethoden zur Bestimmung der Kosten (nach Elementen, Kostenflächenarten etc.) mit einer verfeinerten Machbarkeitsstudie sinnvoll sind.

3.4.4 Entwurf eines differenzierten Bedarfsprogramms [015]

In einem ausführlichen Bericht werden die Erkenntnisse zu einem Entwurf des Bedarfsprogramms zusammengefasst. Der Bedarfsplaner gibt darin auch eine fachliche Einschätzung im Hinblick auf Plausibilität, Vollständigkeit und Angemessenheit des Bedarfsprogramms sowohl im Vergleich zu Referenzprojekten als auch zwischen den einzelnen Positionen des Bedarfsprogramms untereinander. Darüber hinaus werden Empfehlungen zum weiteren Vorgehen mit einem Rahmenterminplan beigefügt.

3.4.5 Entscheidung des Auftraggebers [016]

In einer weiteren Projektteamsitzung wird der Entwurf des Bedarfsprogramms im Zusammenhang mit den Erkenntnissen der Standortanalyse und der fortgeschriebenen Finanzierungsplanung diskutiert. Ggf. wird eine Überarbeitung bzw. weitere Differenzierung des Entwurfs beschlossen. Bei Zustimmung zum Entwurf reicht ihn das Projektteam mit einer Beschlussempfehlung an den Bauherrn.

Die Führungsebene des Bauherrn entscheidet über das Vorgehen und benennt anhand der fachlichen Einschätzungen des Projektteams zum Entwurf des Bedarfsprogramms die Vorgaben für die weitere Bearbeitung. Bei unbefriedigenden Ergebnissen wird das Projekt in eine Überarbeitung des Entwurfs gegeben oder aber abgebrochen.

Lfd. Nr.	NC	KFA	Bezeichnung	Zahl der Arbeitsplätze	Haupt-nutzfläche NF 1-6 m²	Tageslicht	Verdunklung	Bodenbelastung > 500 kg/m²	Bodenbelag leitfähig	Schwingungsentkoppelter Boden	Klassifizierung S1, S2, S3 (GenTG)	Lufttechnik: *1) Be- u. Entlüftung *2) Teilklima. mit Kühlung *3) Vollklima. *4) Sonderklimaanlage	Reinraumanforderungen	Digestorien (Anzahl)	Sicherheitsstromversorgung (Notstrom)	Unterbrechungsfreie Stromversorgung	Drehstromanschluss (Anzahl)	Verstärkte Stromversorgung	Spezielle DV-Netzanbindung	Kühlwasserkreislauf Großgeräte (Anzahl)	Kühlwasserkreislauf Labor (Anzahl)	Abwasserbehandlung	Pressluft
1	2	3	4	5	6	7	8	9	10	11	12	13	14	15	16	17	18	19	20	21	22	23	24
			Lehre																				
1	5361	6	Praktikum (Labor Pharmazeuten Praktikum, L2)	20	80,0	x						1		4			1				1	1	2
2	5361	6	Praktikum (Labor, PC I-, PC II-Praktikum, Nebenfach-Praktikum)	30	160,0	x						1		5			1				1	1	3
3	5361	6	Praktikum (Labor)	10	45,0	x						1		2			1			1		1	1
4	3442	6	Praktikum (Messraum)	10	45,0							1					1					1	
5	3442	6	Praktikum (Messraum)	10	45,0	x						1					1					1	
6	3442	6	Praktikum (Messraum)	3	20,0	x	x					1					1					1	
7	5361	6	Praktikum (Labor, Probenvorbereitung)	4	25,0	x						1		1			1					1	
8	2112	4	Büroraum (Praktikumsleitung)	1	15,0	x																	
9	2112	4	Büro Assistenten (Bachelor, Nebenfach)	2	20,0	x																	
10	2112	4	Büro Assistenten (Lehrer)	2	20,0	x																	
11	2311	4	Kolloquiumsraum	1,0	15,0	x																	
12	2840	5	Rechnerraum		20,0	x																	
13	1210	4	Aufenthaltsraum		25,0	x																	
14	4141	3	Gerätelager		15,0																		
15	4152	5	Chemikalienlager		15,0							1											
16	7251		Spinde		15,0																		

Abb. 3.6 Kostenrahmenermittlung im Hochschulbau mittels Kostenflächenarten (Auszug)

3.5   Phase 5: Optimierung des Bedarfsprogramms

Diese Phase ist vor allem bei Selbstnutzern erforderlich. Bei Investorenprojekten liegen zumeist weniger vielfältige und differenzierte Bedarfsanforderungen vor. Bei Selbstnutzern führt die Erhebung des Bedarfs zu einem Bauvorhaben insbesondere durch Befragungen von Führungskräften und Nutzern unweigerlich zu erhöhten Flächenanforderungen – und weckt oftmals hohe Erwartungen. Die Befragten neigen verständlicherweise dazu, eher höhere Flächenforderungen zu formulieren. Die Gründe dafür können unterschiedlicher Natur sein: der Wunsch nach komfortableren Flächen und Nutzungsangeboten für sich selbst oder nach perspektivisch mehr Arbeitsplätzen in der eigenen Abteilung. Doch muss bereits in der Befragung deutlich werden, dass die Beteiligung kein Wunschkonzert ist.

Der Bedarfsplaner hat im Entwurf bereits eine erste fachliche Einschätzung zu Optimierungsoptionen gegeben. Jetzt muss der Entwurf mit den zuständigen Entscheidungsträgern des Bauherrn – ggf. unter Einbeziehung externer Experten – gründlich überprüft werden.

Das Bedarfsprogramm muss fachlich und unternehmensstrategisch relativiert werden: Sind die einzelnen Punkte unbedingt erforderlich? Sind sie in dem aufgeführten Maße erforderlich? Ist das angemessen? Kann der eine oder andere Punkt ggf. auch anders erfüllt werden? Wird unter den verschiedenen Nutzungsbereichen der gleiche Maßstab angelegt?

3.5.1   Überprüfung Bedarfsprogramm (Workshop 4) [017]

In einem Workshop können die Themen und Vorgaben zur Optimierung mit den Entscheidungsträgern und Experten vorgestellt, abgewogen und beschlossen werden. Ebenso sind der Ablauf und die Zuständigkeiten der letztendlichen Entscheidung über das Bedarfsprogramm festzulegen.

Der Bedarfsplaner überarbeitet den Entwurf in enger Zusammenarbeit mit den zuständigen Entscheidungsträgern der betroffenen Unternehmensbereiche. Bleiben Themen offen oder im Konflikt, so werden diese benannt.

Mit größter Sorgfalt ist auf die Kommunikation dieses Entscheidungsprozesses zu achten. Die zum Entwurf des Bedarfsprogramms einbezogenen Wissensträger und Nutzer müssen bereits bei der Befragung auf den späteren Entscheidungsablauf hingewiesen werden. Der Entscheidungsprozess sollte möglichst transparent und begründet verlaufen, um eine weitgehende Akzeptanz für die Veränderungen des Programms zu erreichen. Die Entscheidungsträger und beteiligten Nutzer müssen sich auch im überarbeiteten Bedarfsprogramm wiederfinden und die Entscheidungen nachvollziehen können.

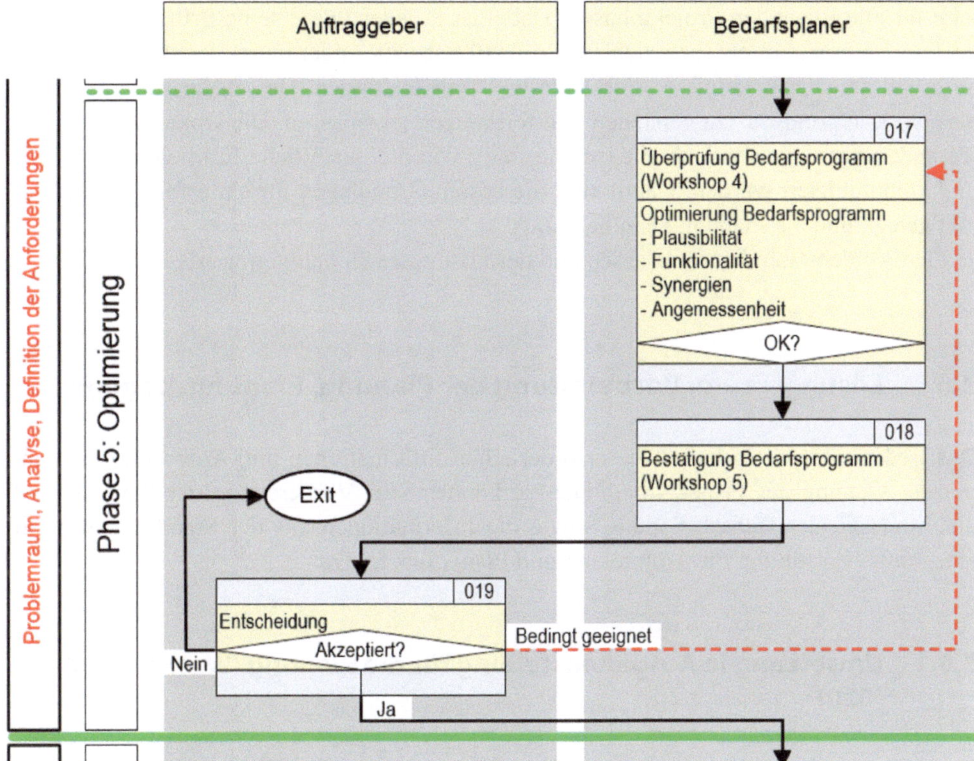

Abb. 3.7   Bedarfsplanung Phase 5: Optimierung

3.5.2   Bestätigung Bedarfsprogramm (Workshop 5) [018]

In einem abschließenden Workshop werden die Optimierungsergebnisse untereinander kommuniziert und diskutiert. Für die offenen bzw. noch mit Konflikten behafteten Themen werden Lösungen gesucht. Abschließend wird das Ergebnis im Hinblick auf den Standort, die Finanzierung und den Terminrahmen rückgekoppelt.

Das überarbeitete Bedarfsprogramm wird mit entsprechenden Empfehlungen zur Beschlussfassung an die Geschäftsführung des Bauherrn gegeben.

3.5.3   Beschluss des Bedarfsprogramms durch den Auftraggeber [019]

Der Auftraggeber entscheidet abschließend über das Bedarfsprogramm, eventuell erforderliche Überarbeitungen oder den Ausstieg aus dem Projekt.

Mit der Zustimmung zum Bedarfsprogramm ist diese Leistung erbracht und die Definition der Anforderungen abgeschlossen. Das mit größter Sorgfalt erarbeitete, kommunizierte und entschiedene Bedarfsprogramm liefert die optimale Grundlage für die Suche nach der besten Lösung, nach dem besten Entwurf für das Projekt. Es bildet die Messlatte für alle folgenden Projektphasen. Dabei ist in jeder Phase seine Erfüllung zu überprüfen. Naturgemäß ergeben sich im Projektfortschritt Änderungen der Anforderungen aufgrund neuer Erkenntnisse, Vorgaben und Entwicklungen. Das Bedarfsprogramm ist als „work in progress" zu verstehen und fortlaufend anzupassen. Die Dokumentation der Veränderungen muss jedoch ebenso sorgfältig wie die eigentliche Erarbeitung erfolgen und kommuniziert werden. Damit sind die besten Grundlagen für ein erfolgreiches Projekt gelegt, und die Planung kann beginnen.

Der Problemraum kann verlassen und der Lösungsraum betreten werden.

3.6   Lösungsraum, Vorbereitung der Planung, Planungsbeginn

Das Bedarfsprogramm liefert die erforderlichen Informationen und Anforderungen, um mit der Planung des Projekts beginnen zu können. Zur Vorbereitung der Planung sind die Aussagen der Bedarfsplanung sowie die Informationen aus der Standortanalyse in eine Aufgabenstellung für Architekten und Planer umzusetzen.

3.6.1   Umsetzung in Aufgabenstellung für die Planung (Workshop 6) [020]

Unter Einbeziehung der zuständigen Verwaltungen und ggf. auch Vertretern der Politik wird in einem Workshop die Aufgabenstellung nochmals auf Machbarkeit geprüft und abgestimmt. Bei öffentlich bedeutsamen Projekten sollten bereits jetzt Möglichkeiten der Öffentlichkeitsbeteiligung erwogen werden.

3.6.2   Entscheidung des Auftraggebers [021]

Der Auftraggeber entscheidet abschließend das Bedarfsprogramm und legt dieses fest zur Vergabe der Planungsleistungen und zur Vorgabe für die weitere Planung.

3.6.3   Vergabe der Planung [022]

Die Vergabe der Planungsleistungen sollte zur Gewährleistung der höchsten Qualitätssicherheit in der Regel durch einen Planungswettbewerb nach der Richtlinie für Planungswettbewerbe (RPW) mit mindestens 15, besser 25 bis 30 Teilnehmern – möglicherweise auch als offenes Verfahren in zwei Phasen – durchgeführt werden.

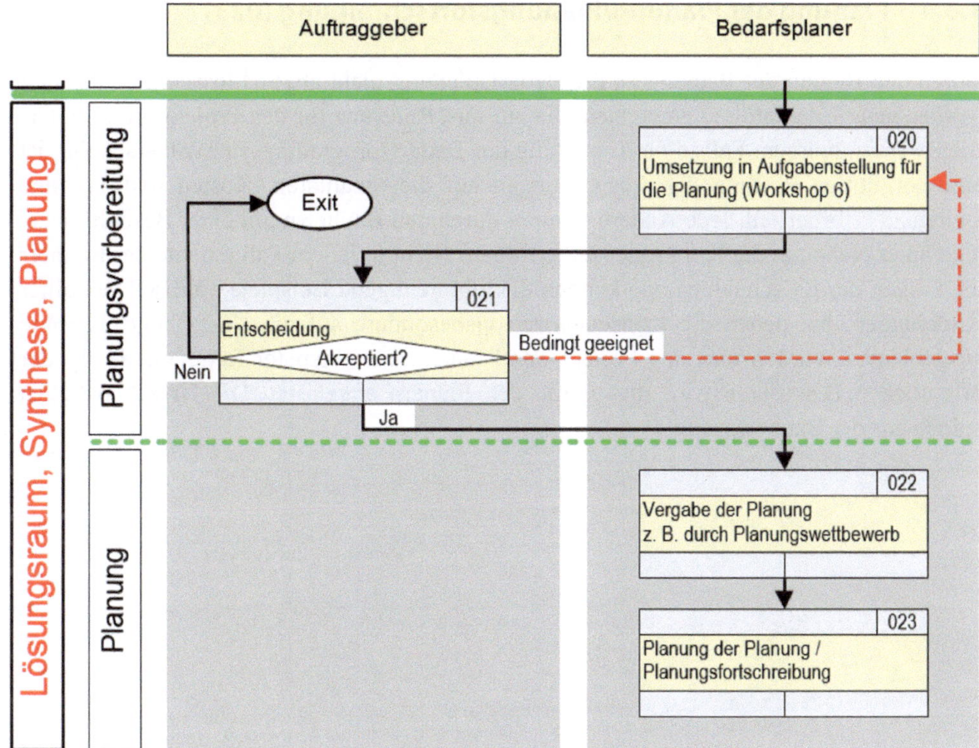

Abb. 3.8 Bedarfsplanung – Planungsvorbereitung und Planung

Der Planungswettbewerb bietet:

- Bandbreite an Lösungsvorschlägen
- Mehrwert an Erkenntnissen aus Vergleich vieler Entwürfe
- Qualifizierte Beurteilung und Auswahl durch ein Preisgericht
- Transparente, nachvollziehbare Vergabe
- Bewährtes Vorgehen und Rechtssicherheit
- Entscheidungssicherheit
- Entscheidung anhand von konkreten Lösungen für die Aufgabe, nicht von Lösungen der Vergangenheit für andere Aufgaben
- Frühzeitige Einbeziehung der Öffentlichkeit durch Ausstellung u. a.
- Wesentliche Teile der Vorplanung werden mit der Vergabe bereits erbracht
- Kein Zeitverlust – die Entscheidungen sind bereits mit den Verwaltungen abgestimmt
- Geringe Mehrkosten

3.6.4   Planung der Planung/Planungsfortschreibung [023]

Durch den Beginn der Planung ist die Bedarfsplanung nicht abgeschlossen. Mit der Zeit werden neue Erkenntnisse gewonnen, die auf ihre Relevanz für den Projekterfolg hinterfragt werden müssen. Falls eine Anpassung des Bedarfsprogramms sinnvoll erscheint, ist eine sorgfältige Prüfung der Auswirkungen auf die Qualitäten, Kosten und Termine zwingend erforderlich. Jede Änderung muss durch den Bauherrn mit einer Beschlussvorlage unter Nennung der Konsequenzen erfolgen. Nicht in jedem Fall möchte der Bauherr die Folgen der Entscheidung anerkennen. Es gibt genügend Beispiele politisch gewollter Änderungen, bei denen die Konsequenzen insbesondere auf die Kosten und Termine ausgeblendet wurden und das Projekt dann teurer und verspätet fertig wurde. In der öffentlichen Diskussion wird dies gerne den Planern angelastet. Die Ursachen liegen jedoch auf der Bauherrnseite.

Die Informationen sind durch den Bedarfsplaner abzufragen, zu erheben und in ein fortgeschriebenes Bedarfsprogramm umzusetzen. Es umfasst eine ausführliche Raumprogrammtabelle mit einer Positionsnummer, Raumbezeichnung, Flächengröße, Raumhöhe, Tageslichtversorgung und einer Beschreibung besonderer Anforderungen und Hinweise wie z. B. Raumproportion, Verdunkelung, Präsentationstechnik, direkte Zuordnung zu anderen Funktionen, Zugänglichkeit, Sicherheit, Technik etc. (vgl. Abb. 4.1).

Lfd. Nr.	RC	Nutzungsart	NF 1-6 in m²	NF 7 in m²	VF in m²	Lage im Gebäude	Bemerkung
1		**Büroräume**					
1.1	211	Büro, Bibliothek	29,0			i. V. oder mit Blickkontakt zu 2.2–2.4	Tageslicht, DV-Anschlüsse, mechanische Be- und Entlüftung, Zellen- oder Mehrplatzbüro für zwei BibliothekarInnen, Schalldämmung
		Summe Büroräume	29,0				
2		**Bibliothek**					
2.1	541	Magazinbibliothek	85,0			auch im KG möglich	Ausbauqualität Archiv, mechanische Be- und Entlüftung, kontrollierte Feuchtigkeit und Temperatur, ggf. Rollregalanlage

Abb. 4.1 Auszug Raumprogramm

Lfd. Nr.	RC	Nutzungsart	NF 1-6 in m²	NF 7 in m²	VF in m²	Lage im Gebäude	Bemerkung
2.2	542	Lesesaal 1	100,0			i. V. oder mit Blickkontakt zu 1.1	Vernetzung, Akustik, Ruhe, Beleuchtung, mechanische Be- und Entlüftung, Nachschlagewerke, Literatur SSK, Zeitschriften, Arbeitsplätze, audiovisuelle Arbeitsplätze, Rechercheplätze, Leseplätze
2.3	543	Freihandbereich und Lesesaal 2	100,0				Akustik, Tageslicht, Vernetzung, Lese- und Computerplätze, akustische Trennung, Arbeitsplatz für Aufsicht, mechanische Be- und Entlüftung
2.4	543	Freihandbereich und Lesesaal 3	100,0				Akustik, Tageslicht, Vernetzung, Lese- und Computerplätze, akustische Trennung, Arbeitsplatz für Aufsicht, mechanische Be- und Entlüftung
2.5	543	Bibliotheksraum für Rara	30,0				Leseplätze, Zugangskontrolle, wasserloses Löschsystem, keine wasserführenden Leitungen, Licht max. 50 Lux, Vollklima
		Summe Bibliotheksräume	415,0				

Abb. 4.1 Fortsetzung

In einem allgemeinen Funktionsdiagramm (Abb. 4.2) werden die Funktionsbereiche und deren Zuordnungen abstrakt im Überblick dargestellt.

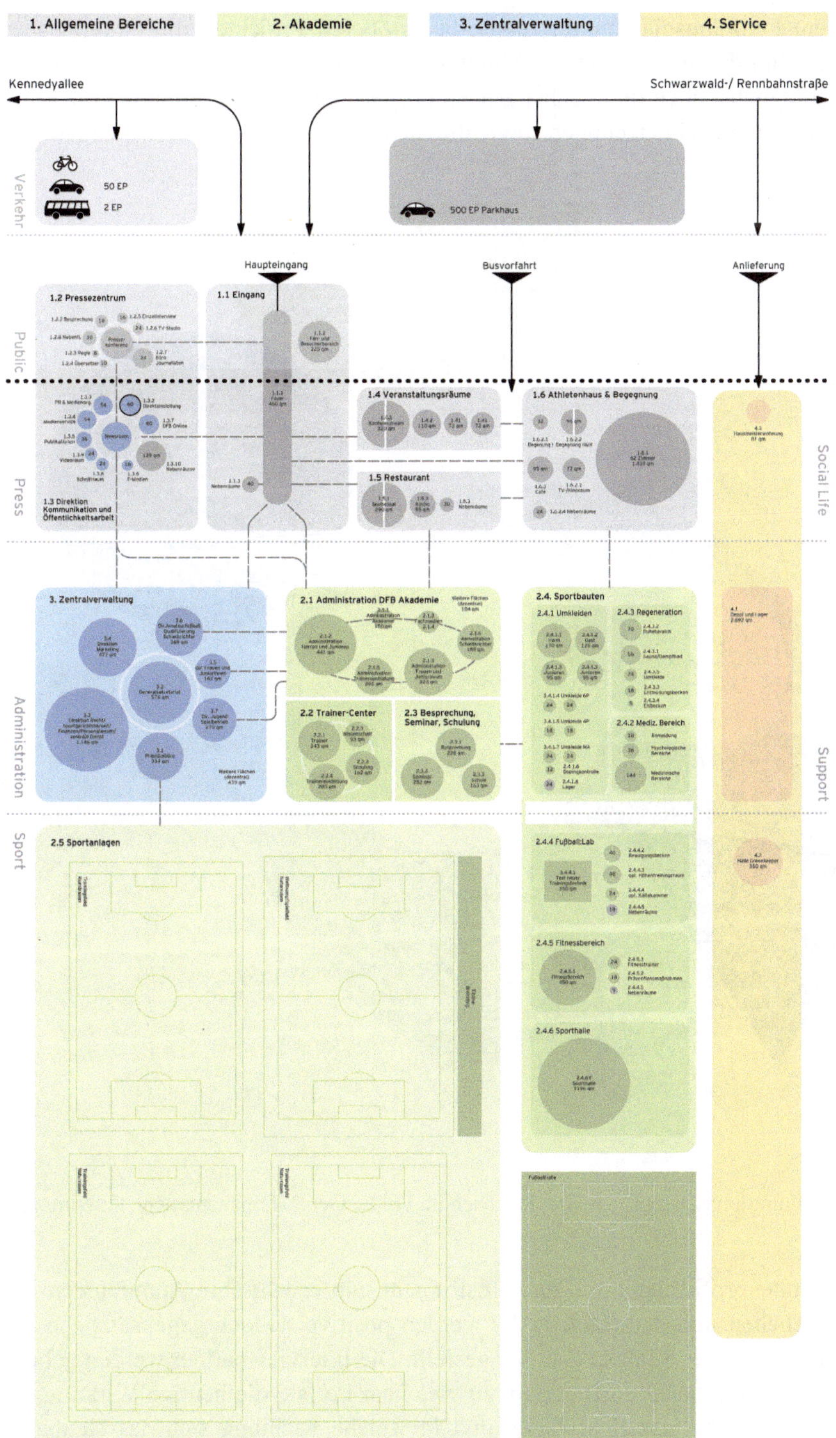

Abb. 4.2 Funktionsdiagramm. (Quelle: C4C, Projekt DFB-Akademie Frankfurt am Main)

Weitere Funktionsdiagramme zeigen bei größeren Projekten die Funktionsbereiche und deren Zuordnung zu einzelnen Nutzungsbereichen im Detail. Sie sollen in der Darstellung möglichst auch die Flächengrößen proportional visualisieren und die erforderliche Dichte der Wegebeziehungen sowie die Sicherheitsstufen verdeutlichen (Abb. 4.3).

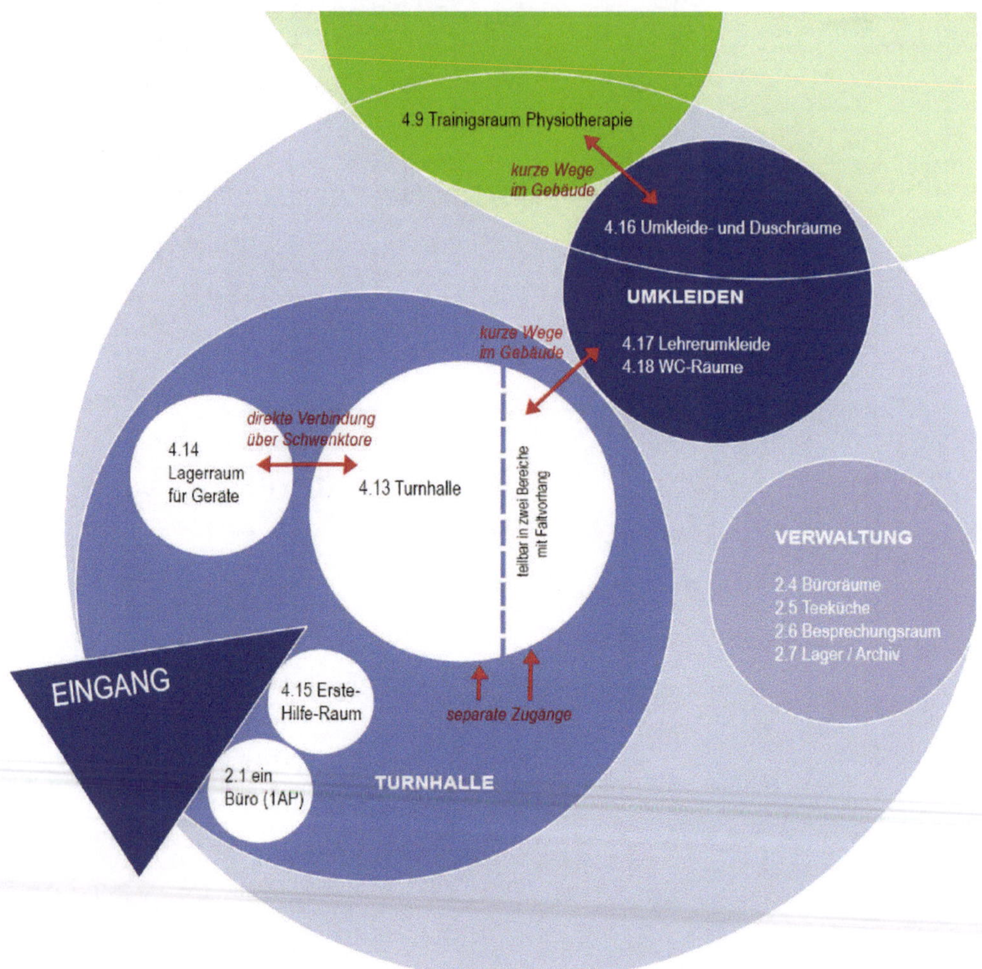

Abb. 4.3 Funktionsschema. (Quelle: Hochschule Fulda, Gebäudemanagement, A. Nimmrichter)

Ein Polaritätenprofil bietet ein gutes Instrument, um erwünschte Anmutungen des Projekts zu erheben und darzustellen. Es werden positive, jedoch gegensätzliche Begriffe (Pole) beidseits einer Skala gegenüber gestellt. Die Interviewpartner werden gebeten, auf der Skala mit Symbolen einzutragen, zu welchem Pol sie die heutige Wirkung der vorhandenen Einrichtungen einschätzen und in welche Richtung sich das Neubauprojekt verhalten soll. Beispielsweise wird die heutige Wirkung als eher edel eingeschätzt, hingegen soll das Neubauvorhalben ggf. eher bescheiden wirken. Die Befragungsergebnisse können durch eine Auswertung zu einem maßgeblichen Polaritätenprofil zur Beschreibung der erwünschten Anmutung gebündelt werden.

DFB Kompetenzzentrum
Polaritätenprofil   vom 00.00.0000

Polaritätenprofil   Name: ______________________________
zur Selbstdarstellung   Bereich: ______________________________

Zielsetzung	Mit der Entwicklung des Kompetenzzentrums werden neben den funktionalen und organisatorischen Verbesserungen auch Statements zum Selbstverständnis und Markenbild des DFB nach innen und außen formuliert.
	Das Polaritätenprofil ist ein Hilfsmittel zur Festlegung atmosphärischer Qualitäten. Es zeigt, wie die Führungskräfte den DFB sehen, wie er heute erscheint und wie er sich in Zukunft stärker ausprägen soll. Es dient als Richtschnur für die gestalterische Aufgabe.

	<<<	<<	<	>	>>	>>>	
konservativ							progressiv
differenziert, vielfältig							einfach und klar
bescheiden							großzügig
robust, zweckmäßig (Blue Jeans)							elegant, seriös (Anzug, Kostüm)
nüchtern, routiniert							phantasievoll, kreativ
leicht und beweglich							solide und beharrlich
introvertiert, verschlossen, abweisend							extrovertiert, offen, zugeneigt
bunter Haufen Individualisten							starke Gemeinschaft
künstlerisch							technisch-rational
hell und freundlich							distanziert und vornehm
kräftig, schwer							grazil, leicht
verbindlich							unverbindlich
Profi							Amateur
anonym							vertraut, erkennbar
traditionsbewusst							zukunftsorientiert
	<<<	<<	<	>	>>	>>>	

X = ist DFB   O = soll DFB   Δ = soll Kompetenzzentrum

Abb. 4.4 Polaritätenprofil. (Quelle: C4C, Projekt DFB-Akademie Frankfurt am Main)

Bei der Vielfalt der Projektarten, Bauherrn und Komplexitäten gibt es keinen festen Katalog und keine Rezepte für die Durchführung einer Bedarfsplanung.

Die DIN 18205 von 1996 benennt folgende Herangehensweisen:

- Literatursichtung
- Brainstorming
- Benchmarking
- Marktanalyse
- Interviewverfahren und Fragebögen
- Gebäudebegehungen und -analysen
- Analyse von Vergleichsobjekten
- Datenerhebungen mit Hilfe von Formularen
- Beziehungsdiagramme

Diese Verfahren sind grundsätzlich richtig. Etwas systematischer lässt es sich folgendermaßen strukturieren:

- Erkenntnisse aus realisierten Objekten: Marktanalyse, Gebäudebegehungen und -analysen, Analyse von Vergleichsobjekten, Benchmarking
- Erkenntnisse aus der Wissenschaft und Literatur
- Erkenntnisse von eigenen und fremden Wissensträgern durch: Brainstorming, Interviews und – das fehlt in der DIN – Workshops und Beratung
- Erkenntnisse aus den Nutzungsabläufen des Auftraggebers durch Beobachtung und Befragung

Jedes Instrument, das zu Informationen, Erkenntnissen und Entscheidungen führt ist zu erwägen – bis hin zu Rollenspielen und Klausurtagungen auch über Tage hinweg.

Jede Aufgabe, jeder Bauherr, jede spezifische Projekteigenschaft führt zu unterschiedlichen Vorgehensweisen und einzusetzenden Instrumenten. Die angemessenen und geeigneten Instrumente müssen überlegt ausgewählt werden.

Die Fragen greifen tief in die Abläufe der Institution des Bauherrn ein – sei es die Ehe, den Schulbetrieb oder das Unternehmen. Es werden Prozesse hinterfragt und Optimierungen erwogen. So wird zum Beispiel im Rahmen der Bedarfsplanung auch das pädagogische Konzept einer Schule oder die Organisationsform der Büroarbeit eines Unternehmens zur Diskussion gestellt. Das ist für den Auftraggeber oftmals auch unbequem. Doch wenn diese Fragen erst anhand konkreter Entwürfe – oder auch gar nicht – gestellt werden, ist es zu spät.

Es ist Aufgabe des Bauherrn, diese Prozesse zu veranlassen, das richtige Team zusammen zu stellen und mit den erforderlichen Mitteln auszustatten.

Eine gut durchdachte, richtig strukturierte und qualifizierte Bedarfsplanung ist eine wesentliche Vorrausetzung für den Projekterfolg. Sie ermöglicht den kontinuierlichen Abgleich von Qualitäten/Quantitäten, Kosten und Terminen sowie die erforderlichen Anpassungsmaßnahmen. Projekte ohne dezidierte Bedarfsplanung sind in der Regel zum Scheitern verurteilt.

Literatur

Bundesministerium für Verkehr und digitale Infrastruktur (Hrsg.): Reformkommission Bau von Großprojekten. Komplexität beherrschen – kostengerecht, termintreu und effizient. Endbericht BMVI, 2015.

DIN 18205: Bedarfsplanung im Bauwesen. Beuth-Verlag, Berlin, 04/1996.

DIN 18205: Bedarfsplanung im Bauwesen. Beuth-Verlag, Berlin, 11/2016.

Frankfurter Allgemeine Zeitung: Interview mit Albert Speer. Ausgabe 25.01.2013.

Froschauer, Eva Maria (Büro achatzi hossbach & co., Berlin): Jedes Projekt beginnt mit [phase eins]. Deutsches Architektenblatt 08/2000.

Henn, Gunter: Programming®. Seminarunterlage von 03/1997.

Hodulak, Martin/Schramm, Ulrich: Nutzerorientierte Bedarfsplanung. Prozessqualität für nachhaltige Gebäude. Springer Verlag, Berlin, Heidelberg, 2011, ISBN 978-3-642-16798-0.

Kuchenmüller, Reinhard: Frischer Wind aus England. Deutsches Architektenblatt 10/1995.

Kuchenmüller, Reinhard: DIN 18205 – Bedarfsplanung im Bauwesen. Deutsches Architektenblatt 08/1997.

Peña, William M./Parshall, Steven A.: „Problem Seeking" An Architectural Programming Primer. Fourth Edition (bisher nur in englischer Sprache), ISBN 0-471-12620-9 (pbk).

Schnoor, Carsten: Bedarfsplanung – Marktnische für Architekten. Deutsches Architektenblatt 01/2002.

Autor unbekannt: Leistungsphase 0 – Programming oder Briefing? VfA PROFIL 12/1999